公益性行业(农业)科研专项
“主要农作物高活力种子生产技术研究与示范”
成果丛书

种子活力测定技术手册

种子形态特征图像识别操作手册

丛书主编　王建华
孙　群　王建华　编著

中国农业大学出版社
·北京·

内 容 简 介

本手册介绍种子形态自动化识别软件 V1.0,用于快速自动识别种子的相关形态特征,可有效促进相关科研工作的开展。

图书在版编目(CIP)数据

种子活力测定技术手册.种子形态特征图像识别操作手册/孙群,王建华编著.—北京:中国农业大学出版社,2018.5

(公益性行业(农业)科研专项“主要农作物高活力种子生产技术研究与示范”成果丛书/王建华主编)

ISBN 978-7-5655-2022-8

Ⅰ.①种… Ⅱ.①孙… ②王… Ⅲ.①作物-种子-形态特征-图像识别-技术手册 Ⅳ.①S330.3-62

中国版本图书馆 CIP 数据核字(2018)第 088059 号

书　名　种子活力测定技术手册
　　　　　种子形态特征图像识别操作手册

作　者　孙　群　王建华　编著

责任编辑	洪重光	**封面设计**	郑　川
出版发行	中国农业大学出版社		
社　址	北京市海淀区圆明园西路 2 号	**邮政编码**	100193
电　话	发行部 010-62818525,8625		读者服务部 010-62732336
	编辑部 010-62732617,2618		出　版　部 010-62733440
网　址	http://www.caupress.cn	**E-mail**	cbsszs @ cau.edu.cn
经　销	新华书店		
印　刷	涿州市星河印刷有限公司		
版　次	2018 年 9 月第 1 版　　2018 年 9 月第 1 次印刷		
规　格	787×980　16 开本　1.75 印张　14 千字　彩插 2		
定　价	128.00 元(全八册)		

图书如有质量问题本社发行部负责调换

公益性行业(农业)科研专项
“主要农作物高活力种子生产技术研究与示范”
成果丛书

编写委员会

主　编　王建华

副主编　（按姓氏音序排列）

付俊杰　顾日良　孙　群　唐启源　尹燕枰
赵光武　赵洪春

编　委　邓化冰　段学义　樊廷录　付俊杰　顾日良
韩登旭　郝　楠　何丽萍　江绪文　康定明
李润枝　李　莉　梁晓玲　林　衡　鲁守平
马守才　孟亚利　石书兵　孙　群　孙爱清
唐启源　田开新　王　进　王　玺　王　莹
王建华　王延波　尹燕枰　赵光武　赵洪春
郑华斌

《种子活力测定技术手册》(共8分册)编委会

主　　编　王建华　赵光武　孙　群

编写人员　(按姓氏音序排列)

何龙生(浙江农林大学)

江绪文(青岛农业大学)

李润枝(北京农学院)

孙　群(中国农业大学)

唐启源(湖南农业大学)

王建华(中国农业大学)

赵光武(浙江农林大学)

总　序

农业生产最大的风险是播下的种子不能正常出苗，或者出苗后不能正常生长，从而造成缺苗断垄甚至减产。近些年，发达国家的种子在我国呈现出快速扩张的趋势，种子活力显著高于国内种子是其中的重要原因之一。农业生产的规模化、机械化是提高我国农业劳动生产效率，实现农业现代化的必由之路。单粒精量播种技术简化了作物生产管理的间苗定苗环节，大幅度降低了农业生产人力和财力支出，同时也是优质农产品生产的基本保障。但是，高活力种子是实现单粒精量播种的必要条件，现阶段我国主要农作物种子活力还难以适应规模化机械化高效高质生产技术的发展要求。

研究我国主要农作物种子的高活力生产技术和低损加工技术，提高种子质量是农业生产机械单粒播种、精量播种的迫切需要，也是加强我国种子企业的市场竞争力与种业安全的紧迫需求。2012 年，中国农业大学牵头，山东农业大学、湖南农业大学、中国农业科学院作物科学研究所、浙江农林大学、北京德农种业有限公司参与，共同申报承担了农业部公益性行业（农业）

科研专项“主要农作物高活力种子生产技术研究与示范”（项目号 201303002，项目执行期 2012.01—2017.12）。依托前期项目组成员单位和国内外的工作基础，项目组有针对性地研究了影响玉米、水稻、小麦、棉花高活力种子生产中的关键问题，组装配套各类作物高活力种子的生产技术规程和低损加工技术规程，并在企业进行技术示范，为全面提升我国主要农作物种子活力水平提供理论指导，为农业机械化和现代化发展提供种子保障。

依托项目研究成果，我们编写了下列丛书：

《河西地区杂交玉米种子生产技术手册》

《玉米种子加工与贮藏技术手册　上册·收获和干燥》

《玉米种子加工与贮藏技术手册　中册·包衣和包装》

《玉米种子加工与贮藏技术手册　下册·贮藏》

《玉米种子精选分级技术原理和操作指南》

《水稻高活力种子生产技术手册》

《棉花高活力种子生产技术手册》

《冬小麦高活力种子生产技术手册》

《水稻种子活力测定技术手册》

《小麦种子活力测定技术手册》

《棉花种子活力测定技术手册》

《玉米种子萌发顶土力生物传感快速测定技术手册》

《水稻种子活力氧传感快速测定技术手册》

《小麦种子活力计算机图像识别操作手册》

《种子形态特征图像识别操作手册》

《主要农作物种子数据库查询系统用户使用手册 V1.0》

本套丛书可供相关种子研究人员及农业技术人员和制种人员使用，成书仓促，疏漏之处在所难免，恳请读者批评指正！

编著者

2018 年 3 月

前　言

在作物生产中，种子作为最基本的生产资料，种子质量直接影响作物的产量与质量，种子活力（seed vigor）又是反映种子质量的重要指标。因此，测定种子活力，对种子活力进行评价并筛选出高活力种子，对于确保播种种子质量，节约播种费用，提高种子抵御不良环境的能力，增强种子对病虫杂草的竞争能力，提高实际田间出苗率，提高作物产量，增强种子的耐储藏性，具有重大的生产意义。

目前国内应用较多的作物种子活力测定方法仍然是幼苗生长速率测定。由于发芽测定消耗时间长，越来越不能满足竞争日益激烈的市场对快速准确掌握种子质量信息的需求。

为了更加全面和系统地了解种子活力测定的方法，掌握种子活力测定技术，我们收集国内外种子活力测定的相关资料，以及实践经验，结合实验室研究进展，选取试验相对简便易行、结果准确的测定方法编辑成《种子活力测定技术手册》。本手册共分 8 个分册，内容涉及种子活力常规测定方法、新技术在种子活力测定中的应用以及相关软件、数据库的操作和使用，作物包括水稻、小麦、玉米、棉花等。

各分册编写分工如下：

《水稻种子活力测定技术手册》 赵光武　唐启源　何龙生

《小麦种子活力测定技术手册》 孙　群

《棉花种子活力测定技术手册》 李润枝

《玉米种子萌发顶土力生物传感快速测定技术手册》 江绪文　王建华

《水稻种子活力氧传感快速测定技术手册》 赵光武

《小麦种子活力计算机图像识别操作手册》 孙　群

《种子形态特征图像识别操作手册》 孙　群　王建华

《主要农作物种子数据库查询系统用户使用手册 V1.0》 赵光武　王建华

此手册期望能为作物育种、种子生产人员提供参考。

由于时间紧促，加上编者水平有限，难免会有错误和疏漏之处，恳请读者批评指正。

编著者

2018 年 3 月

目　录

1 引言

种子的机器视觉特性指标较多，测量工作量很大，费时费力。种子自动化识别软件可减轻工作量，快速自动识别种子的相关物理属性，检测结果重复性好，减小人为误差，可有效促进相关科研工作的开展。种子形态特征图像识别系统是为从事种子科研和产业的人员提供的一款自动化记录种子属性的识别软件。

2　测定原理

种子经扫描仪扫描后获得清晰图像，然后经过计算机图像处理技术对种子图像进行预处理、二值化、骨架提取等步骤从而快速获得种子颜色（color）、长度（length）、宽度（width）、投影面积（projected area）等种子的形态特征值。种子形态自动化识别软件可减轻工作量，快速自动识别种子的相关信息，检测结果重复性好，减小人为误差，大大提高检测效率。

3 所需器具

3.1 种子材料

小麦、玉米、水稻等净种子。

3.2 仪器、系统、应用软件

CCD 扫描仪、种子形态自动化识别软件 V1.0。

4 测定步骤

4.1 种子图像扫描

将种子随机或按顺序摆放在扫描仪的玻璃板上，注意种子之间不要互相接触，盖上扫描仪盖子，分辨率设为 300 dpi（建议分辨率不高于 300 dpi，以减少扫描时间和软件识别时间），对种子进行扫描。扫描图片存储为 PNG 无损格式。

4.2 种子形态自动化识别软件

（1）相关定义

本软件可自动记录种子的编号、RGB 值、LAB 值、HSB 值、灰度值、长度、宽度、投影面积等信息。RGB 值：分别为红色（red）、绿色（green）和蓝色（blue）三种基色，每个色阶值是从 0（黑色）到 255（白色）的亮度值。LAB 值：L 为亮度，取值范围是 0（黑色）～100（白色）；A 表示从红色到绿色的范围，B 表示从蓝色到黄色的范围，A 和 B 的取值范围均为－120～120。HSB 值：H 指色相(hue)，代表不同波长的光谱值，范围为 0°～360°，其中 0°和 360°为红色，每隔 60°依次为黄色、绿色、青色、蓝色、品红色；S 指饱和度(saturation)，代表颜色的深浅，取值范围为 0～100；B 指亮度(brightness)代表颜色的明暗程度，取值范围为 0～100。灰度值：图像每个像素的灰度值为 0～255 之间的亮度值，也可以用黑色油墨覆盖的百分比(0％～100％)来表示。种子长度：指种子的最长距离(单位：mm)。种子宽度：指种子的最宽距离(单位：mm)。种子投影面积：种子投影在扫描板的表面积，分别用像素及平方毫米(mm^2)表示。

(2)运行环境

①系统支持

xp sp3、Vista、Windows7、Windows8 以及能安装.NET Framework 4 的操作系统。

②环境安装

a.本软件使用前，请首先安装 .NET Framework 4；路径如下：

运行环境_系统最低要求 xp sp3▶Microsoft .NET Framework 4(必须安装)。也可在 http://www.microsoft.com/zh-cn/download/details.aspx?id=17718 进行下载。

b.在 xp sp3 中需要安装以下路径的软件包：

运行环境_系统最低要求 xp sp3▶部分 xp 需要安装 Microsoft C++ 运行库。也可在 http://www.microsoft.com/zh-cn/download/details.aspx?id=8328 进行下载。

c. 超级狗驱动 DogUserSetup. msi，文件目录如下：

运行环境_系统最低要求 xp sp3 ▶超级狗驱动(必须安装)。

4.3 使用说明

(1)运行软件

首先插入超级狗，然后点击 seed identification 文件夹中的 seed_identification. exe 文件即可运行。注：使用软件前务必插入超级狗，不然会提示“未找到超级狗”。

(2)软件界面浏览

软件界面如图 1 所示。

(3)载入图片并显示

拟打开的种子图片需为扫描仪扫描的图片，扫描分辨率建议设在 300 dpi 以下，扫描图片建议存储为 PNG 等无损格式。

点击左上角 文件(F) 或 图标打开图片(图 2)，种子图片下方有分辨率显示。图片有放大、缩小、原始大小、自适应窗口四个调整按钮 ；可同时打开多张图片，多张图片之间切换或关闭图片用 ◂ ▸ × 按钮操作。

(4)二值化处理

种子识别前必须进行二值化处理，以去除背景。点击二值化菜单中的阈值，打开阈值设置页面(图 3)进行调整，确定。用

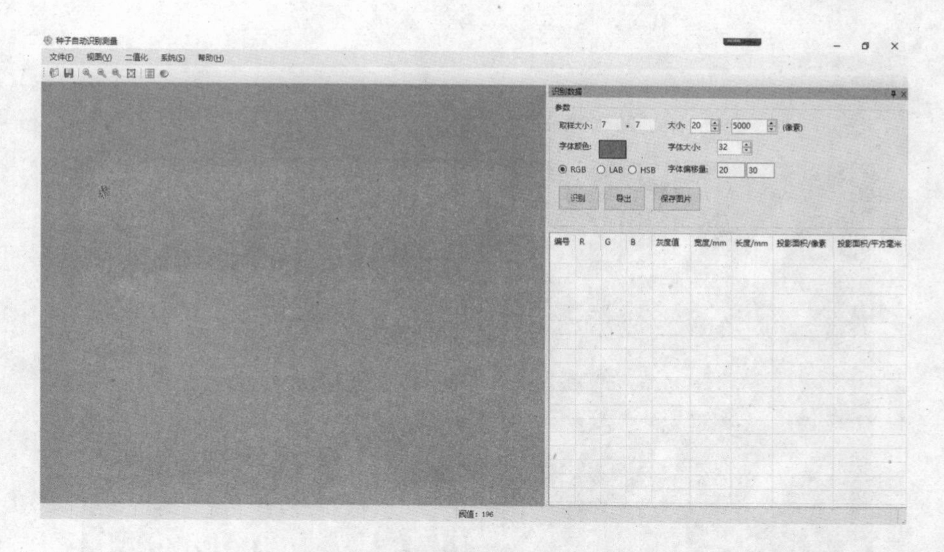

图 1　软件界面(彩图 1　封二)

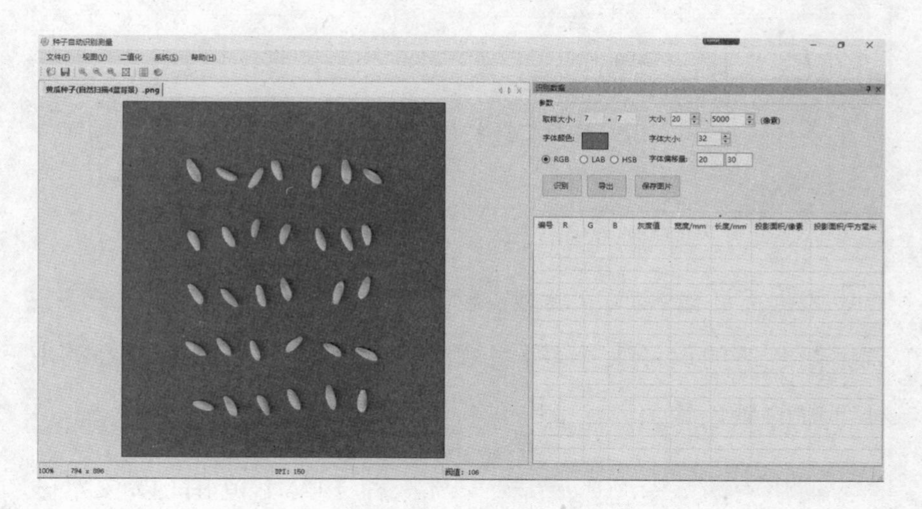

图 2　载入图片(彩图 2　封二)

Photoshop 软件提前去除背景的图片则可省略此步骤。

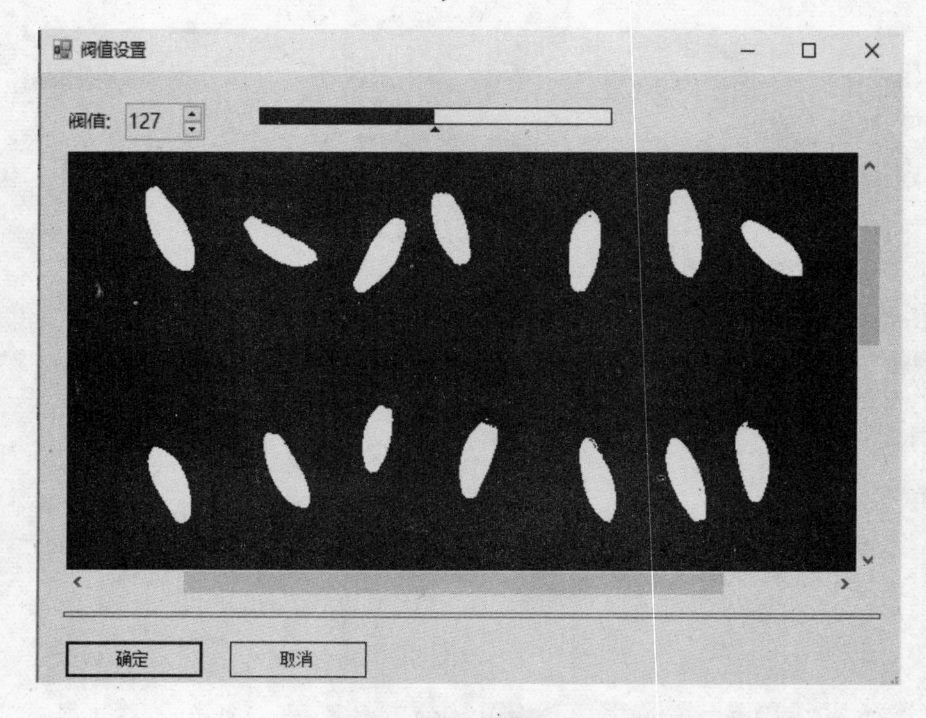

图 3　图像二值化处理(彩图 3　封三)

(5)参数调整

根据需要选择颜色模型 RGB LAB HSB ;使用 取样大小:7 * 7 调整颜色值的取样大小,所测颜色为以种子中心点为中心的取样部分的颜色均值。

使用 大小:20 - 5000 (像素) ,调整种子大小范围(以像素表示),选择合适的测量范围。可根据种子大小进行调整,以滤除图片背景的噪点(如有),从而提高识别效果。

(6)识别

点击 识别 按钮,页面右侧数据栏刚显示相应的种子指标,如图 4 所示。

单粒种子与单行数据栏可交互显示,而种子下方序号的字体颜色、大小、字体偏移量均可以根据需要进行调整。

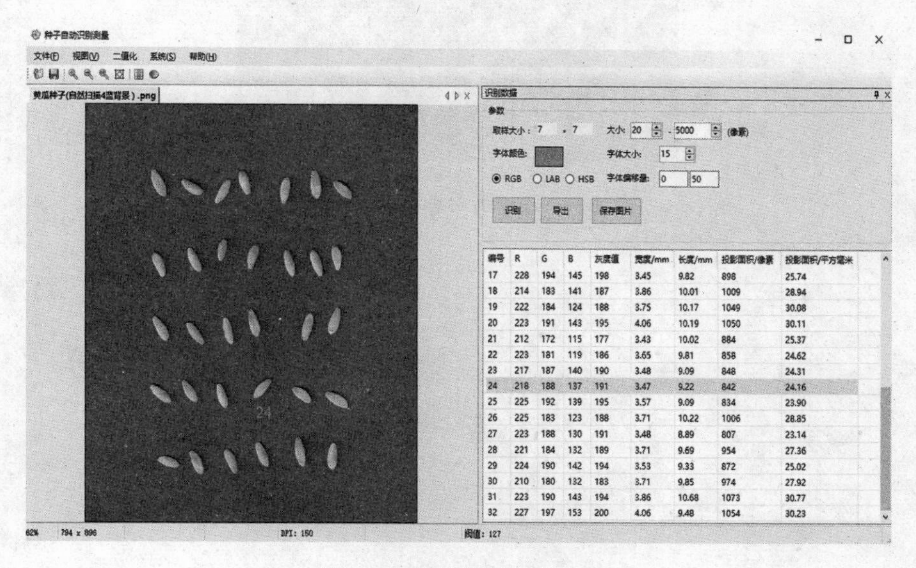

图 4 识别(彩图 4 封三)

(7)输出

点击图标 导出 ,可将当前检测的种子数据以 Excel 表格形式导出,然后计算本批次种子各指标的平均值。

点击图标 保存图片 ,可导出带序号的种子图片,如图 5 所示。

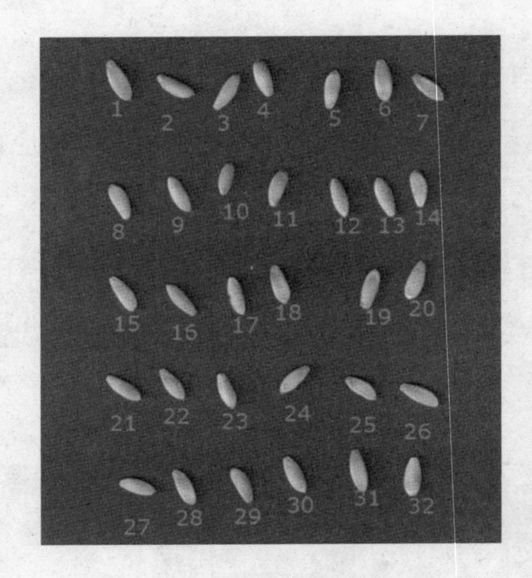

图 5　导出带序号的种子图片

5　注意事项

（1）对于种子颜色与扫描背景颜色差异不大（即容差小）或扫描背景不均一的图片，或是对种子长度、宽度的测定要求较严时，建议采用 Photoshop 软件进行去背景处理。

（2）对图片进行剪裁处理时注意不要改变图片的分辨率。

（3）设定取样大小时，可参考投影面积（像素）粗略估计种子的宽度（像素），以保证测定颜色的取样范围不超出种子边界。

6 性能指标

(1)数据准确度

软件所测数据误差小于 2%。

(2)时间特性

软件响应时间、处理时间、数据传输时间均不超过 10 s。

参考文献

[1] 孙群，王建华．种子形态自动化识别软件（软件著作权号：2013SRBJ0528），2013.

[2] 赵光武，钟泰林，应叶青．现代种子种苗实验指南[M].北京：中国农业出版社，2015.

[3] 孙群，胡晋，孙庆泉．种子加工与贮藏[M].北京：高等教育出版社，2008.

[4] 尹燕枰，董学会．种子学实验技术[M].北京：中国农业出版社，2008.